BEI GRIN MACHT SICH IHR
WISSEN BEZAHLT

- Wir veröffentlichen Ihre Hausarbeit,
  Bachelor- und Masterarbeit

- Ihr eigenes eBook und Buch -
  weltweit in allen wichtigen Shops

- Verdienen Sie an jedem Verkauf

Jetzt bei www.GRIN.com hochladen
und kostenlos publizieren

Bibliografische Information der Deutschen Nationalbibliothek:

Die Deutsche Bibliothek verzeichnet diese Publikation in der Deutschen National-
bibliografie; detaillierte bibliografische Daten sind im Internet über http://dnb.d-
nb.de/ abrufbar.

Impressum:

Copyright © 2006 GRIN Verlag, Open Publishing GmbH
Druck und Bindung: Books on Demand GmbH, Norderstedt Germany
ISBN: 9783640550616

Dieses Buch bei GRIN:

http://www.grin.com/de/e-book/143531/suburbanisierung-verlauf-in-ost-und-
westdeutschland-bsp-mainz

Benedikt Breitenbach

Suburbanisierung - Verlauf in Ost- und Westdeutschland (Bsp. Mainz)

GRIN Verlag

GRIN - Your knowledge has value

Der GRIN Verlag publiziert seit 1998 wissenschaftliche Arbeiten von Studenten, Hochschullehrern und anderen Akademikern als eBook und gedrucktes Buch. Die Verlagswebsite www.grin.com ist die ideale Plattform zur Veröffentlichung von Hausarbeiten, Abschlussarbeiten, wissenschaftlichen Aufsätzen, Dissertationen und Fachbüchern.

Besuchen Sie uns im Internet:

http://www.grin.com/

http://www.facebook.com/grincom

http://www.twitter.com/grin_com

Johannes Gutenberg-Universität Mainz

Benedikt Breitenbach

Geographisches Institut

Einführungsübung Humangeographie I Kurs 3

Thema: Suburbanisierung

Abgabetermin: 11.01.2006

Suburbanisierung

Inhaltsverzeichnis

Inwiefern wird durch die Suburbanisierung, die ökonomische, ökologische und demographische Entwicklung einer Region beeinflusst? Mit welchen Folgenproblemen müssen Kernstadt und Umland rechnen?

1. Definition Suburbanisierung

Unter Suburbanisierung ist die „Verlagerung von Nutzungen und Bevölkerung aus der Kernstadt, dem ländlichen Raum oder anderen metropolitanen Gebieten in das städtische Umland bei gleichzeitiger Reorganisation der Verteilung von Nutzungen und Bevölkerung in der gesamten Fläche des metropolitanen Gebietes" (FRIEDRICHS 1995: 99) zu verstehen. Somit handelt es sich bei der Suburbanisierung nicht nur um eine Expansion der Stadt in das Umland, sondern auch um eine Dekonzentration von Bevölkerung, Produktion, Dienstleistung, Verwaltung und Handel. (KNOW LIBRARY 2004)

2. Verlauf der Suburbanisierung in Ost- und Westdeutschland

Die Verstädterung der Randzonen und Vorstädte zu Lasten der Kernstädte, setzt mit zunehmender Massenmotorisierung und dem Drang der Bevölkerung im ländlichen Raum zu leben 1960 ein. (HEINEBERG [2]2001: 40) In der alten Bundesrepublik Deutschland schreitet die Bevölkerungssuburbanisierung der tertiären Suburbanisierung voran. Im Rahmen einer nachholenden Suburbanisierung ist dies in den neuen Bundesländern nach der Wende umgekehrt der Fall. (FISCHER 2000: 112) Großunternehmer aus den alten Bundesländern ergreifen in den neuen Ländern die Entwicklungschance. Die städtische Peripherie ist besonders beliebt, mit klaren Eigentumsverhältnissen und riesigen Flächenpotential. (MATTHIESEN, U. 2002: 82)

3. Der Prozess der Suburbanisierung

Für die Standortverlagerung oder direkte Ansiedlung in das Umland von Produktionsstätten (sekundärer Sektor), Handel (tertiärer Sektor) und Bevölkerung (Haushalte) gibt es zahlreiche gemeinsame Gründe. Die Verfügbarkeit größerer zusammenhängender Flächen und niedrigeren Bodenpreisen, sowie die zunehmende Motorisierung. (KNOW LIBRARY 2004) Zumeist parallel mit der Entwicklung von Massenverkehrsmitteln ist ein Prozess der Ausdehnung städtischer Lebens- und Siedlungsweise aus der Kernstadt in das Ergänzungsgebiet. Die Abwanderung aus den Großstädten oder die Zuwanderung in die

1

Ballungsgebiete führt zur Verstädterung ländlicher Gemeinden. (KNOW LIBRARY 2004) „Verkehrserzeugender aber wirkt der Umstand, dass sogar 65,3 % der Bevölkerung in weniger als 30 Minuten Pkw-Reisezeit zum nächsten Verdichtungsraum fahren und dort die Angebote an Arbeitsplätzen, Versorgung, Kultur und sonstigen Freizeitmöglichkeiten etc. nutzen können". (FRIEDRICHS 1995: 104-105, zit. nach: WÜRDEMANN 1993: 267) Im suburbanen Raum bilden sich in der Folge zunehmende ökonomische, politische und soziale Beziehungen und Netzwerke, die die kaum noch in Verbindungen mit der Kernstadt steht. (MATTHIESEN, U. 2002: 38)

3.1. Suburbanisierung von Produktionsstätten

Es gibt zahlreiche Gründe für die Abwanderung von Industriebetrieben. Der Innenstadt mangelt es an Flächen, um dem Industriebetrieb eine Expansion zu ermöglichen. Gegen eine Erweiterung innerhalb der Stadt sprechen auch die steigenden Grundstückspreise, die Verkehrsverdichtung und die mangelhafte Verkehrsanbindung. (UNIVERSITÄT KL 2001/2002) Ein weiterer Grund für die Suburbanisierung von Produktionsbetrieben, ist die Einführung neuer Produktionstechnologien. (MY GEO 2005) Bei der Standortwahl muss der sekundäre Sektor einen Kompromiss eingehen. Der neue Standort muss weit genug in den suburbanen Raum verlagert werden, um eine ausreichende Senkung des Bodenpreises und eine angemessene Flächengröße zu erzielen. Zum anderen darf der Standort nicht so weit ausgelagert werden, dass das bisherige Arbeitskräftepotential der Kernstadt verloren geht. Deswegen wird der Betrieb den Standort in einem Rahmen wählen, in dem ein ausreichender Einzugsbereich von Arbeitskräften gewährleistet ist. (FREIDRICHS 1995: 105), (UNIVERSITÄT KL 2001/2002)

3.2. Verlagerung des Handels

Die tertiären Einrichtungen bevorzugen als Standort die City, da die Kontaktmöglichkeiten gut mit den Kommunikationsbedürfnissen der Betriebe übereinstimmen. Weitere Gründe für die Standortwahl innerhalb der Stadt sind in dem innerstädtischen Firmensitz (Prestige) und in der wertbeständigen Kapitalanlage (Gebäude und Grundstücke innerhalb der City) zu sehen. (UNIVERSITÄT KL 2001/2002) Dem Handel unterliegt auch ein Suburbanisierungsprozess. Für den Großhandel gelten ähnliche Gründe wie für die Suburbanisierung der Produktionsstätten. (MY GEO 2005) Ähnlich stehen preiswerte verfügbare Flächen und gute Transportwege im Vordergrund. Für den Einzelhandel zählen diese Faktoren ebenso wichtig,

2

setzen diese Betriebe auch einen Suburbanisierung der Bevölkerung voraus. Die Betriebe des Einzelhandels sind gezwungen, sich den Wanderungsbewegungen der Bevölkerung anzuschließen und sich in den neuen Wohngebieten niederzulassen. Der Weg zu den Verbrauchermärkten wird für die Endverbraucher kürzer. (FREIDRICHS 1995: 105) „Charakteristisches Indiz für die Einzelhandelssuburbanisierung sind die Einkaufszentren im Umfeld großer Städte, die zumeist eine typische Branchenstruktur aufweisen (z.b. die Kombination: Möbelhaus, Supermarkt, Baumarkt)." (MY GEO 2005)

3.3. Suburbanisierung der Bevölkerung

Die Wanderung der Bevölkerung in das Umland ist eine Folge der Bedingungen auf dem regionalen Wohnungsmarkt. (UNIVERSITÄT KL 2001/2002) Es handelt sich hierbei um keine Stadtflucht, „sondern vielmehr um ein rationales Kalkül." (FRIEDRICHS 1995: 105) Denn die Wanderung ist selektiv. Insbesondere junge Haushalte mit Kindern (überdurchschnittliches Einkommen) ziehen in das Umland. Haushalte mit hohen Einkommen sind hingegen noch in der Lage, „ein Haus noch innerhalb der administrativen Grenze der Stadt zu finanzieren." (FRIEDRICHS 1995: 105) Die Grundstückspreise und die Mieten sind in zentralen Gebieten übermäßig hoch, während zur Peripherie hin die Bodenpreise immer günstiger werden. Diese Tatsache ist der Grund, warum viele Familien mit Kindern in das Umfeld einer Stadt, mit besserem Umfeld (Garten, Grün, bessere Luftqualität, geringere Lärmbelästigung) ziehen. Die Familie wägt verschiedene Faktoren für die Wahl eines Wohnstandortes ab. Sie gewichten vor allem die Relation zwischen Wohnfläche und Preis/Miete sowie negative Wohnumfeldeindrücke im Stadtbereich hoch und entscheiden sich bevorzugt für ein steuerbegünstigtes Eigenheim im Umland. (MY GEO 2005) Bei solch einer Standortentscheidung werden oft die Nachteile der Haushalte übersehen, denn „ zum einem sind die Fahrtzeiten zum Arbeitsplatz, der meist in der Kernstadt, (…), liegt, länger. Zum anderen entstehen vielfach Kosten, um die Kinder zur Schule, zu anderen Einrichtungen oder zu Freunden zu fahren." (FRIEDRICHS 1995: 105)

4. Suburbanisierung in Mainz

Die Stadt-Umland-Region Mainz-Rheinhessen umfasst den gesamt zentralen rheinhessischen Raum. Die definierte Stadt-Umland Region umfasst den Landkreis Mainz-Bingen (ohne den nordwestlichen Teil), den Landkreis Alzey-Worms (ohne den südlichen Teil) und den äußersten östlichen Rand des Landkreises Bad Kreuznach. (STADT MAINZ 2004: 14). Der östliche Teil der Region schließt an das Rhein-Main-Gebiet an und unterliegt einem Wachstumsdruck, während der westliche Teil von Strukturschwäche und deutlich abnehmender Bevölkerung geprägt ist. (FLÄCHE IM KREIS 2005)

4.1. Bevölkerungsentwicklung

In den vergangenen 30 Jahren ist ein kontinuierliches Bevölkerungswachstum im Umland zu beobachten. Der östliche Teil der Region (Rheinhessen) ist durch eine ausgeprägte Suburbanisierung und Stadt-Umland Wanderung in den Landkreisen Mainz-Bingen und Alzey-Worms der Landeshauptstadt Mainz gekennzeichnet. (FLÄCHE IM KREIS 2005) In Mainz stagniert die Bevölkerung, jedoch nicht im rheinhessischen Umland, mit einem Zuwachs von 36.000 Einwohnern von 1992 bis 2002. In den Landkreisen Alzey-Worms und Mainz-Bingen ist das relativ größte Bevölkerungswachstum mit 14 %, bzw. 10% zu beobachten. Zu den größten Wachstumsgemeinden gehören Bodenheim, Nieder-Olm, Ober-Olm und Zornheim, aber mittlerweile auch Wallertheim, Armsheim und Undenheim. Zu erkennen ist eine steigende Stadt-Umland-Wanderung in den rheinhessischen Raum. (BUNDESAMT FÜR BAUWESEN UND RAUMORDNUNG 2005: 18) Die Stadt Mainz weist eine negative Wanderungsbilanz auf. Zwischen 1992 und 2002 sind insgesamt 34.624 Personen in das rheinhessische Umland gezogen, umgekehrt sind 22.364 Personen vom Umland nach Mainz gezogen. Negative Wanderungsbilanzen führen zu sinkenden Einkommenssteuereinnahmen (siehe Abb.). Hohe Wanderungsgewinne erzielen Gemeinden mit guter Verkehrsanbindung. (STADT MAINZ 2004: 8-9)

4

Karte 23: Gemeinden mit positiver Wanderungsbilanz und Zunahmen der Einkommensteuereinnahme 1992-2002

(STADT MAINZ 2004: 32)

4.2. Berufspendler nach Mainz

Die Berufspendlerbewegung zeigt ein vergleichbares Bild, wie die der Wanderungsbewegung und der Bevölkerungsentwicklung. (STADT MAINZ 2004: 14) Demnach pendeln täglich etwa 30.500 Personen nach Mainz. Die an den Stadtgebieten und an Hauptverkehrsachen grenzenden Gemeinden stellen den größten Anteil. (BUNDESAMT FÜR BAUWESEN UND RAUMORDNUNG 2005: 18) Der Anteil nimmt ähnlich der Wanderungsbewegung mit zunehmender Entfernung und Erreichbarkeit ab. Die höchste Attraktivität weist der Kernbereich auf. Dieser umfasst den Bereich bis zu 15 km Entfernung vom Stadtzentrum. Der Randbereich liegt 15-30 km vom Stadtzentrum entfernt und ist zunehmend als Wohnstandort für Personen aus Mainz interessant. (STADT MAINZ 2004: 14)

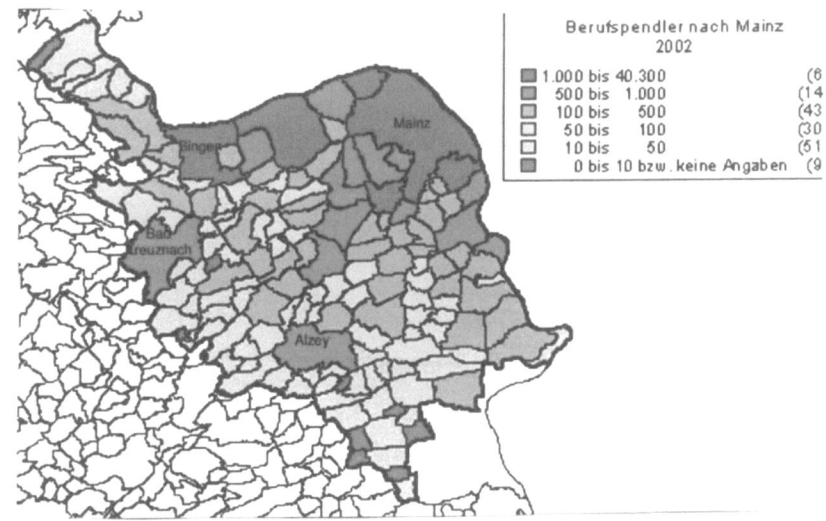

Karte 7: Berufspendler nach Mainz 2002 (STADT MAINZ 2004: 15)

4.3. Siedlungsentwicklungen

Eine hohe Bauaktivität ist seit 1990 im Umland zu verzeichnen. Hierbei lag der Schwerpunkt auf Bau von Einfamilienhäusern. 200 bis 600 Häuser wurden pro Jahr gebaut, während in Mainz weniger als 100 Einfamilienhäuser gebaut wurden. Auch beim Bau von Mehrfamilienhäusern weist das Umland höhere Bauaktivitäten auf. In Gemeinden des Randbereiches werden demnach höhere Baufertigstellungen erreicht, als im unmittelbaren Mainzer Umland. Diese Entwicklung ist ein Indiz für die Suburbanisierung in der Fläche. Der Prozess wird durch die günstigeren Boden- und Flächenpreise im Umland verstärkt. Denn in Mainz kostet ein qm Bauland im Durchschnitt 363 Euro, im Vergleich zu 185 Euro/qm im Landkreis Mainz-Bingen oder 108 Euro/qm im Landkreis Alzey-Worms. Im Umland ist ein Ansteigen des Baulandpreises zu erkennen. Dies ist ein Indiz für die hohe Nachfrage nach Bauland. (STADT MAINZ 2004: 16-23)

4.4. Gewerbe und Wirtschaft

Das rheinhessische Umland profitiert zunehmend von der Wirtschaftskraft des Rhein-Main-Gebietes. Die Wirtschaftliche Entwicklung von Mainz ist prägend durch die günstige Lage im Rhein-Main-Raum und der Funktion als Landeshauptstadt. Im Vergleich zu Mainz weist das rheinhessische Umland einen höheren relativen Anteil der Beschäftigten und der

6

Bruttowertschöpfung auf. Dies ist ein Indiz für die steigende Attraktivität des Umlandes. Die Kaufkraft hat im Umland stärker zugenommen, als in der Stadt selbst. Durch das Abwandern von einkommensstarken Bevölkerungsschichten aus der Stadt in das angrenzende Umland. (STADT MAINZ 2004: 24-25)

Die industriell und gewerblich genutzte Siedlungsfläche nimmt in der Stadt um 4 ha von 1993 bis 2003 zu, während in der gleichen Zeit die Fläche der Landkreise Alzey-Worms und Mainz-Bingen um 61 ha bzw. um 59 ha zunahm. Ursache ist die räumlich günstige Lage und der Baulandpreis, sowie die Regionalplanung zur Förderung der gewerblichen Entwicklung. Gemeinden mit hohem Zuwachs sind Alzey, Bingen, Ingelheim. (STADT MAINZ 2004: 24)

Die Handels- und Dienstleistungsflächen sind von 1993 bis 2001 um 153 ha angestiegen. Jeweils 39 ha entfallen auf die Landkreise Alzey-Worms und Mainz-Bingen. Siedlungsflächenzuwächse konzentrieren sich auf größere Gemeinden mit zentralörtlichen Funktionen, wie z. B. Gensingen mit 10-25 ha und Nieder-Olm mit 5-10 ha. Die Baufertigstellung von Nichtwohngebäuden ist in Mainz mit 20 bis 30 pro Jahr seit 1990 rückläufig. In den Landkreisen Mainz-Bingen und Alzey-Worms werden 60-100, bzw. 40-90 Baufertigstellungen registriert. (STADT MAINZ 2004: 25-27)

4.5. Steuerung der Stadt-Umland Entwicklung

Die Stadt Mainz ist Teil der Planungsregion Rheinhessen-Nahe, für deren räumliche Entwicklung der Regionale Raumordnungsplan greift. Die räumliche Entwicklung soll nach dem neuen Regional Raumordnungsplan (RROP) 2001 dem zentralörtlichen Ordnungsmodell folgen. Gemeinden sollen sich an Grundsätzen der Innenentwicklung vor Außenentwicklung, Funktionsmischung und des Flächensparenden Bauens orientieren. (STADT MAINZ 2004: 46-47) Wie der Raumplanungsbericht 2000 feststellt, verläuft die Suburbanisierung der Ballungsräume nicht mit den raumordnerischen Zielsetzungen. Der Raumordnungsbericht weißt auf eine größere Dynamik der Umlandgemeinden hin, mit steigender Siedlungsdispersion. (MINITERIUM DES INNEREN UND SPORT 2005)

Der Suburbanisierungsprozess untergräbt die planerischen Vorstellungen einer dezentral konzentrierten Siedlungsentwicklung und führt zu räumlichen Disparitäten. Planungsprobleme laut dem Raumordnungsbericht sind: Kernstädte bluten aus;

Infrastruktureinrichtungen in der Stadt sind nicht ausgelastet, während den Umlandgemeinden diese fehlen; Innenentwicklung der Kernstadt wird durch Konkurrenzdruck von Großeinrichtungen im Umland erschwert; Entfernungen zwischen Wohnung, Arbeitsplatz, Versorgungs- und Infrastruktureinrichtungen steigen und sorgen für neue Verkehrsprobleme. Diese raumstrukturellen Probleme sind in Mainz und dem rheinhessischen Umland, sowie in anderen Räumen der BRD zu erkennen und lassen sich nicht mit Hilfe des RROP verhindern. (STADT MAINZ 2004: 46-47)

Fazit

Der Prozess der Suburbanisierung zwingt Kernstadt und Umland zu einer stärkeren Planung, da die Umlandgemeinde mit neu ausgewiesenen Wohn- und Gewerbegebieten mit den Standorten der Kernstadt konkurrieren. Da die Einnahmen aus Lohn- und Gewerbesteuern an die Kommunen gehen in denen die Beschäftigten wohnen, bedeutet dies ein Verlust für die Kernstadt und einem Gewinn für die Umlandgemeinde. Ebenso ist die regellose Bebauung des Umlandes, im Sinne des Umweltschutzes nicht erwünscht. Die Kernstadt stellt Leistungen, wie Arbeitsstätten, Museen, Universitäten oder Verkehrswege dem Umland bereit, ohne dafür einen finanziellen Ausgleich zu erhalten. Aufgrund von Bodenmangel in der Kernstadt, ist diese seit 1900 auf das Umland angewiesen, um Gewerbeflächen und Wohnungsbauflächen zu erschließen. Mit steigenden Verkehrsaufkommen nehmen die Belastungen in der Luft und der Lärm im Umland zu. Hinzu müssen die Kernstädte die hohen Kosten für die räumliche Segregation von Haushaltstypen aus dem eigenen Budget zahlen.

Literaturverzeichnis

FISCHER, P. (2000): Erdkunde. Berlin.

FRIEDRICHS, J. (1995): Stadtsoziologie. Opladen.

HEINEBERG, H. (²2001): Grundriß Allgemeine Geographie. Paderborn.

MATTHIESEN, U. (2002): An den Rändern der deutschen Hauptstadt. Opladen.

Internetquellen:

Bundesamt für Bauwesen und Raumordnung (2005): Fläche im Kreis. Internet:
        http://www.bbr.bund.de/exwost/pdf-files/ExWoSt_25_2_Dosch.pdf

Fläche im Kreis (2005): Planspielregionen: Region Rheinhessen-Nahe (Rheinland-Pfalz).
        Internet: http://www.flaeche-im-kreis.de/planspielregionen/rheinhessen-nahe/

Know Library (2004): Suburbanisierung. Internet: http://suburbanisierung.know-library.net/

Ministerium des Innern und für Sport (2005): Raumordnung/ Landesplanung/ Kommunen.
        Internet: http://ism.rlp.de/info_details.asp?was=Presse_detail&id=1779

My Geo (2005): Umprägung der Siedlungsstruktur durch Suburbanisierung. Internet:
        http://www.mygeo.info/skripte/skript_bevoelkerung_siedlung/siedl6.htm

Stadt Mainz (2004): Stadt-Umland-Studie Mainz Rheinhessen. Internet: http://www.mainz.de/
        WGAPublisher/online/html/default/hthn-69gfff.de.html?backlink=hthn-5vpkgt.de.4

Universität Kaiserslautern (2001/2002): Seminar Siedlungsstruktur und Verkehr. Internet:
        http://transport.arubi.unikl.de/studarbeiten/seminarverkehrundsiedlung/suburbanisieru
        ng/Formen___Grunde/formen___grunde.html